Amrosi Chkuaseli
Maia Khutsishvili-Maisuradze
Giorgi Chagelishvili

Novo adsorvente de micotoxinas em alimentos para aves de capoeira - argila bentonítica "Askangel"

Amrosi Chkuaseli
Maia Khutsishvili-Maisuradze
Giorgi Chagelishvili

Novo adsorvente de micotoxinas em alimentos para aves de capoeira - argila bentonítica "Askangel"

ScienciaScripts

ÍNDICE DE CONTEÚDOS:

Relevância de um problema 9

Novidade do projeto 10

A descrição da Experiência 22

Conclusão: 46

Referências: 47

Novo adsorvente de micotoxinas em alimentos para aves de capoeira
argila bentonítica "Askangel

A.Chkuaseli, M. Khutsishvili-Maisuradze, G. Chagelishvili

O bagaço de cereais e de óleo vegetal numa ração de forragem para aves de capoeira ocupa 85-88%. Infelizmente, a qualidade dos ingredientes referidos nos últimos 15-20 anos tem vindo a piorar de dia para dia, e a principal razão é a sua poluição por micotoxinas.

As micotoxinas são substâncias metabólicas secundárias de fungos de um micróbio bolorento, que se caracteriza por fortes características tóxicas (Bryden, 2012). Mesmo em quantidades insignificantes, apresentam elevada toxicidade e difundem-se facilmente tanto em alimentos básicos e produtos, como em camadas profundas de forragem de aves e animais. O próprio fungo é formado durante a maturação de matérias-primas vegetais, durante a colheita, condições climatéricas de cama e no armazenamento e transporte errados. Hoje em dia, de 400 tipos diferentes de fungos microscópicos, alocam-se

cerca de 300 micotoxinas, das quais 20 tipos são consideradas micotoxinas especialmente perigosas. Embora todas as micotoxinas tenham as mesmas características gerais - são biocidas que significam a destruição de células vivas.

A maioria das micotoxinas são resistentes ao calor, entre as quais são especialmente perigosas as toxinas alfa, os trihocetes, o dezoksin- valenon T-2 , o zearelenon, a patelina e a ocratoxina.

A caraterística especial das micotoxinas é a sua natureza cancerígena e mutagénica, que provoca a redução da imunidade geral de um organismo, danifica os rins, o fígado, o sistema nervoso, o sangue e o sistema gastrointestinal, o que leva à redução da produtividade das aves de capoeira, dos alimentos e dos indicadores de qualidade dos ovos.

Os tricotecenos são uma família muito grande de micotoxinas quimicamente relacionadas produzidas por várias espécies de bolores: (F.verticilloides, proliferatum, graminearus, Avenaceum, culmorun, poae, equiseti, crookwellense, acuminatum, sambucinum, sporotrichioides, graminearum, culmorum) são produzidos em muitos grãos diferentes como o trigo, a aveia ou o milho. Os tricotecenos são diferenciados em tipos A e B. Os tricotecenos do grupo A mais amplamente difundidos são as toxinas T-2 e HT-2, o diacetoxiscirpenol (DAS) e o desoxinivalenol do grupo B, (Vomitoxina/DON), o nivalenol (NIV) (Shareef A, M,. 2010). Alguns dos tricotecenos (DON) desenvolveram-se em ambiente húmido e outros em condições normais de humidade (HT-2 e T-2).

A toxina T-2, proveniente das micotoxinas tricotecénicas do fungo Fusarium, distingue-se pela sua maior toxicidade para o organismo das aves.

As aves são mais sensíveis a estas toxinas, sendo a maior sensibilidade registada nos suínos (Sokolovi M., Impraga B., 2006). Por sua vez, a toxicidade da toxina T-2 é definida por vários factores: o tipo de toxina, a quantidade, a frequência de consumo, a espécie de ave, a idade, o sexo, o estado geral de saúde, o efeito simultâneo das micotoxinas laterais com a toxina T-2 (Hoerr FJ., 2003).

A toxina T-2 provoca a interrupção da síntese de proteínas, ADN e ARN no corpo, erosão profunda da pele e de órgãos individuais, na boca e no sistema digestivo, membranas mucosas, leucopenia, hemorragia nos órgãos internos; tem um efeito devastador no sistema imunitário, que é causado por uma lesão da medula óssea, dos gânglios linfáticos e do baço. A diminuição da imunidade aumenta a sensibilidade do organismo a uma variedade de infecções causadas por agentes patogénicos (Salmonella, Listeria) (Pestka JJ., Zhou HR., 2004). No entanto, a ingestão de uma pequena dose de toxina promove a estimulação do sistema imunitário; em particular, o organismo desenvolve anticorpos com função protetora contra as toxinas

As toxinas T-2 têm efeitos altamente tóxicos em todas as partes do sistema digestivo, mesmo pequenas doses de toxinas podem causar danos ao revestimento intestinal, o que inibe a adsorção de substâncias nos alimentos.

Visualmente, observa-se necrose na boca da ave, no bordo da crista (o que provoca a redução da ingestão de alimentos), no tórrax, na superfície do músculo do estômago e no fígado (Brake J., Hamilton PB., 2000).

As toxinas T-2 (4-16 mg/kg por peso vivo), tal como o desoxinvivalenão (DON) do grupo B, são capazes de ultrapassar as transfusões sanguíneas do cérebro da ave, o que se exprime por perda de apetite, falta de coordenação dos movimentos musculares e, nos animais, observam-se frequentemente vómitos. (Wyatt RD., Colwell VM., 2003). Relativamente aos danos cutâneos, o efeito da toxina é observado na pele através de dermatite necro-homorrágica, cianose da crista, despigmentação da pele das patas e diminuição da qualidade das penas (Hoerr FJ., 2003).

Em caso de intoxicação por toxina T-2 (teor de micotoxina de 1 mg

/ kg de peso vivo), a ave reduzirá o consumo de alimentos, o peso vivo diminuirá, a tendência de ganho de massa viva diminuirá em 11%, a postura de ovos diminuirá em 21%, a casca do ovo tornar-se-á mais fina (20 mg / kg de peso vivo), a eclosão do ovo de incubação diminuirá, o número de ovos quebrados aumentará (Pier AC., Richard JL., 1980) (Tobias S., RajiC L., 1992).

Nas aves, a toxina T-2 é caracterizada por uma maior toxicidade do que a toxina HT-2 do subgrupo das tricots do grupo B (dose letal: 2,1 mg/kg de peso vivo). Nas aves, a dose letal da toxina T-2 é de 2-6 mg/kg de peso vivo (Hoerr FJ., Carlton WW., 1982). O teor admissível de T-2 nos alimentos para aves é de, no máximo, 0,05 mg/kg. As aflatoxinas provêm de fungos Aspergillus (A. flavus, A. parasiticus, A. nomius, A. pseudotamarii) que crescem em cereais oleaginosos e formam quatro micotoxinas principais: B1, B2, G1 e G2. As aflatoxinas são as micotoxinas mais comuns que poluem os cereais no mundo. A mais tóxica é a aflatoxina B1 (Yunus et al., 2011). As aflatoxinas têm um elevado efeito tóxico em todos os tipos de produtos agrícolas, bem como em animais e aves. Em geral, são caracterizadas como hepatotóxicas, provocando danos nos órgãos internos. As aflatoxinas nas aves de capoeira e no organismo animal causam a redução da imunidade geral, danificam os rins, também o fígado, o sistema nervoso, o sangue e os sistemas gastrointestinais. Mesmo a quantidade insignificantc - 0,3 mg/kg em raças de carne mostrou a diminuição do consumo de ração, a aflatoxina na quantidade de 0,95 mg/kg na ração diminuiu o consumo de ração e o rendimento em peso em 11% e a conversão alimentar em 6% (Andretta et al., 2011), as aflatoxinas têm o efeito negativo tanto nas raças de carne como nas raças de ovos. A existência de aflatoxinas na ração das aves poedeiras 1-2 mg/kg provoca a diminuição da produção de ovos, a diluição da casca do ovo e o aumento da letalidade das aves (Azzam e Gabal., 1998; Verma et al., 2007). A alimentação poluída com aflatoxinas pode estipular a acumulação de aflatoxinas no ovo (a proporção de transferência de aflatoxinas da ração para o ovo é de 5000:1), pelo que é importante monitorizar na alimentação das aves poedeiras o teor de aflatoxinas (Oliveira et al., 2000). O limite admissível do teor de aflatoxinas é de 0,02 mg na ração pronta da ave (Eeckhout M., 2013). Para o consumo humano, é perigoso consumir alimentos poluídos com aflatoxinas; em 1988, a Agência Internacional de Investigação do Cancro declarou a aflatoxina -B1 na lista de substâncias cancerígenas. De acordo com os dados fornecidos pela FAO, nos últimos anos, a poluição dos ingredientes dos alimentos para aves e animais é estimada em 25%, razão pela qual a maior parte da investigação realizada nos últimos anos foi direccionada para a procura e utilização eficaz de adsorventes. Os adsorventes são substâncias de forma firme ou líquida, em cuja superfície as micotoxinas são absorvidas e impedem a passagem das micotoxinas das paredes do intestino para o sistema sanguíneo. São caracterizados por microporos elevados, com base nos quais a área de superfície do adsorvente aumenta, o que promove uma fácil adsorção das toxinas.

É de notar que os adsorventes iniciam a sua ação quando entram no sistema gastrointestinal. A maioria deles afecta quase todas as micotoxinas, embora alguns possuam uma caraterística selectiva. Atualmente, existe no mercado mundial uma enorme quantidade de adsorventes de micotoxinas. Os adsorventes mais eficazes, de origem sintética ou microbiana, são Mycosorb, Detox, Linezolid, Mikosel, -0,5, Vitavet, Saprosorb, Sorbotoks, Elitoks, etc. Os adsorventes conhecidos são adicionados numa quantidade de 0,5-1,0 kg a 1 t de forragem e realizam a adsorção de micotoxinas em 50-70%. A bentonite é uma argila que pertence ao grupo dos silicatos porosos de elevada dispersão a 70%. Tem uma estrutura cristalina. A sua superfície está coberta de catiões iónicos, que definem as suas características físicas e químicas, a sua qualidade e a sua velocidade de adsorção.

A maioria das bentonites caracteriza-se por um vasto espetro de ação. Detêm e eliminam o crescimento e o desenvolvimento de um fungo. Possuem uma ação oxidante no sistema de digestão, ou seja, as micotoxinas dissolvidas nos alimentos são sitiadas na superfície do adsorvente e não são absorvidas pelo sangue e, desta forma, não são eliminadas. Atualmente, no mercado mundial, os adsorventes de origem aluminossilicato - "Elkabond", "Silikoglicidolom", "Ekobentokorm", etc. - são amplamente utilizados. A maior parte deles caracteriza-se por uma adsorção de 80-85% de toxinas alfa e zearelenona, 85-90% de ocratoxina e fimonizina e 39% de T_2. 0, 5-1, 5 % de Elkabond é adicionado a 1 tonelada de forragem.

Como resultado de acções vulcânicas activas que ocorrem no território da Geórgia a.C., o nosso país é herdado por muitos campos de argila, entre eles um campo de argila bentonítica - Askanclay, que está localizado na aldeia Askana da região de Guria, que tem um potencial especialmente grande. Trata-se de bentonite alcalina e recebeu o nome de Askanclay, um pequeno produto disperso feito a partir dela é o Askanol. A partir de Askanclay foi recebido o produto ativado Askanite, cuja fórmula química é: (All,29Fe0,73MgOO,46Ca0,13)(SiO3,75A10,23)O10(OH)2(Na0, 34K0,16)AgDiferentes tipos de Askangel são aplicados para diferentes fins; em particular, a Askanite é utilizada para a rafinação de óleos e gorduras vegetais.

As bentonites naturais e activadas como adsorventes e catalisadores podem também ser utilizadas noutros ramos, por exemplo, na produção de vitaminas, álcoois, na indústria farmacêutica e de perfumaria, na indústria do papel e do vestuário e na agricultura.

Apesar de já estar estudada a elevada capacidade adsorvente do Askangel, não está ainda estudada a possibilidade da sua aplicação na pecuária, como melhor adsorvente de micotoxinas que é atual e perspetiva para o país.

No caso da utilização de Askangel como adsorvente de micotoxinas, será necessária a sua produção apenas para a indústria avícola, em quantidades de 1000-1500 toneladas. Por um lado, haverá a possibilidade de receber adsorvente de micotoxinas de produção local e, por outro lado, na sua produção e transformação serão empregadas dezenas de pessoas. O custo dos adsorventes importados será limitado ao mínimo.

Relevância de um problema

Em caso de implementação do projeto, serão reduzidas as perdas que incorrem as produções avícolas devido à utilização de forragens poluídas por micotoxinas; a qualidade da produção realizada (ovos, carne) e a rentabilidade da produção aumentarão, o que é o mais importante, os ovos e a carne produzidos pelas explorações avícolas serão completamente inofensivos para as pessoas.

A finalidade e o objetivo principal da investigação é a utilização de argila bentonítica - Askangel de origem local de aluminossilicato como adsorvente de micotoxinas na alimentação de aves de capoeira para a desintoxicação de micotoxinas.

Novidade do projeto

A argila bentonítica - Askangel, de origem aluminossilicato, será utilizada pela primeira vez como adsorvente de micotoxinas na alimentação de aves de capoeira, o que substituirá eficazmente o adsorvente de micotoxinas importado na Geórgia. A composição química e algumas características físicas do Askangel foram analisadas no laboratório da Universidade de Agricultura da Geórgia. A composição das micotoxinas nos ingredientes alimentares e nos alimentos combinados prontos foi testada no laboratório da LTD "Chirina" - através da aplicação do método expresso "Fluoresecnce Polarometer". Os testes zootécnicos dos ingredientes alimentares foram efectuados com o método expresso "Pemten". Foram determinadas as seguintes características: humidade, proteína bruta, gordura bruta, fibra bruta, ou seja, açúcar, amido, Ca e P. As opções acima enumeradas foram examinadas nas seguintes fontes alimentares: milho, cevada e trigo em grão, soja e girassol. Tendo em conta a idade e a produtividade das aves de capoeira, as receitas alimentares combinadas foram processadas por um programa informático.

Durante a experiência, foram estudados os seguintes indicadores - a massa viva das aves de capoeira qualificadas, através de pesagem individual durante determinados períodos;

• postura de ovos - durante a experiência do registo diário;

• a massa dos ovos, durante a experiência, através de pesagens efectuadas em determinados períodos;

• preservação das aves de capoeira através da contabilidade diária das aves de capoeira caídas e do estabelecimento das razões de uma queda;

• a contabilização de uma forragem, pela contabilização diária de uma forragem cedida;

• A contabilização dos ovos partidos e rebentados, pela conta diária;

• Controlo da qualidade dos ovos por meio de testes.

• Contabilidade da qualidade da carne de frangos de carne, controlo do abate.

• Contabilidade dos indicadores morfológicos do sangue do ovo de galinhas e frangos de carne duráveis.

• Determinação de micotoxinas em ovos e carne de aves de capoeira e sua análise química.

Métodos de investigação - durante a investigação, foram efectuadas as seguintes análises

As investigações sobre a composição química e algumas características físicas do Askangel foram efectuadas no Instituto de Materiais Minerais do Cáucaso por Aleksandre Tvalchrelidze. Com base nos resultados dos testes de fase de raios X, silicato e investigações físico-químicas, foi estabelecida a estrutura e a fórmula da montmorilonite. O nível de micotoxinas nos ingredientes dos alimentos para animais foi medido na fábrica de aves de capoeira "Chirina" no "Fluoresecnce Polarometer" e pelo método Elaiza no "Biotek", as análises zootécnicas dos ingredientes dos alimentos para animais pelo método expresso foram realizadas no "Pamtek".

Os seguintes parâmetros foram examinados nas seguintes fontes alimentares: grãos de milho e de trigo, farinha integral de girassol e de soja. As análises bioquímicas da carne, dos ovos e das fibras foram efectuadas no laboratório de química inorgânica e bioorgânica da Universidade de Agricultura da Geórgia.

Esquema de teste de postura de ovos na cruz "Loman classic"

quadro 1

№	Grupo	Número de aves	alimentação combinada principal %	quantidade de suplemento Askangel %	Nota
1	Controlo	50	100	-	-
2	Controlo	50	99,0	-	1% de aluminossilicato
3	teste	50	99,0	1,0	-
4	teste	50	98,5	1,5	-
5	teste	50	98,0	2,0	-

Esquema de teste de carne na Cruz "Ros-308"

quadro 2

№	Grupo	Número de aves	alimento combinado principal %	quantidade de suplemento Askangel %	Nota
1	Controlo	100	100	-	-
2	Controlo	100	99,0	-	1% de aluminossilicato
3	teste	100	99,0	1,0	-
4	teste	100	98,5	1,5	-
5	teste	100	98,0	2,0	-

Durante a experiência, foram analisados os seguintes indicadores:

- Massa viva de aves de capoeira qualificadas por pesagem individual durante determinados períodos;
- Colocação de ovos - durante a experiência do registo diário;
- A massa dos ovos, durante a experiência, por pesagem em determinados períodos;
- Preservação das aves de capoeira através da contabilização diária das aves de capoeira caídas e do estabelecimento das razões de uma queda;
- A contabilização de uma forragem, através da contabilização diária de uma forragem cedida;
- A contabilização dos ovos partidos e rebentados, pelo diário de contas;
- contabilização da qualidade dos ovos por meio de testes.
- Contabilidade da qualidade da carne de frangos de carne, controlo do abate.
- contabilização dos indicadores morfológicos do sangue do ovo de galinhas e frangos de carne duráveis.

- Determinação de micotoxinas em ovos e carne de aves de capoeira e sua análise química.

O material recebido durante todo o período da investigação foi tratado estatisticamente (método NOVAS) e registado.

Durante a experiência, os ingredientes alimentares e a qualidade dos alimentos foram testados no laboratório zootécnico LTD "Chirina", que está equipado com equipamento moderno para a determinação de micotoxinas.

A análise bioquímica da carne, do sangue e do estrume foi efectuada no laboratório da Universidade Agrícola. O laboratório estudará a composição química da argila bentonítica.

$\{3H2O\ (Na_{0,12}\ K0_{,005}\ Ca_{0,07}Mg_{0,01})_{0,21}\}(Mg_{0,19}\ Fe^{3+}_{0,15}All_{,i6})_{1,5}[Al_{0,26}Si3_{,74}]_4(\theta 8,91OH3_{,09})_{12}$

Com base nos resultados obtidos, verifica-se que o Askangel pertence a um grupo de argilas com elevado teor calórico e elevado teor de bentonite, sendo a taxa de adsorção e a capacidade de troca um adsorvente de elevada qualidade.

Para a otimização da adsorção de micotoxinas na LLC "Roster", onde este projeto foi implementado, realizámos um teste fisiológico para determinar a otimização da capacidade de adsorção de micotoxinas pela argila bentonítica Askangel para o grupo "308", com base em 5 grupos (2 de controlo e 3 de teste, Tabela 1) 25 peças de aves foram seleccionadas por análogos, grupos de frangos de 21 dias, cinco em cada grupo, com um peso de 805-855 g.

esquema de ensaio fisiológico

quadro 3

№	Grupo	Número de aves	alimentação combinada principal %	quantidade de suplemento Askangel %	Nota
1	Controlo	5	100	-	-
2	Controlo	5	99,0	-	1% de aluminossilicato
3	teste	5	99,0	1,0	-
4	teste	5	98,5	1,5	-
5	teste	5	98,0	2	-

De acordo com a idade das aves, foram preparados cinco tipos de alimentos combinados para os cinco grupos seleccionados:

Antes do exame fisiológico, o teor de micotoxinas nos ingredientes alimentares e nos alimentos prontos foi analisado no laboratório zootécnico da Ltd[n] Chirina[n] utilizando o método expresso "Fluorescence Polarimetry[n] , e os ingredientes alimentares e os alimentos combinados prontos no aparelho de método expresso "Pentene". Os cinco grupos de aves foram colocados em gaiolas separadas (55 em cada). O objetivo do teste fisiológico era completar a fase final da idade de 21 a 35 dias, recolher o estrume das aves e determinar a otimização da capacidade de adsorção de micotoxinas. O ensaio fisiológico incluiu 2 períodos: preparatório - 6 dias e 5 dias de contabilização. No início e no fim do teste fisiológico, o peso da massa viva média da ave em todos os cinco grupos, em comparação com os grupos de controlo, o resultado foi o seguinte

Dinâmica do peso vivo, kg (21-35 dias)

Quadro 4

№	Grupo	Teste fisiológico		Diferença %
		Início	o fim	
1	Controlo	0,805	1,760	-
2	Controlo	0,825	1,800	2,27
3	teste	0,830	1,850	5,11
4	teste	0,845	1,885	7,10
5	teste	0,855	1,905	8,24

Durante o período contabilístico, a recolha do estrume foi efectuada 2 vezes por dia, à mesma hora, às 9 e às 18 horas, sendo o revestimento da gaiola feito de aço inoxidável revestido de polietelina. O estrume limpo da ave foi recolhido em cinco recipientes e armazenado no frigorífico. No final do período contabilístico, foram colhidas amostras de cada contentor: Do grupo I - 38,5 gr, do grupo II - 31,45 gr, do grupo III - 33,90 gr, do grupo IV - 33,90 g, do grupo V - 36,09 gr.

A análise das substâncias primárias e secas das amostras foi efectuada no laboratório de química da Universidade de Agricultura da Geórgia.

Análises químicas do estrume

Quadro 5

Nº	Grupos	o peso do recipiente da amostra (gramas)	peso da taça da amostra vazia (gramas)	peso da amostra (gramas)	peso da amostra seca (gramas)	humidade primária
1	controlo	73,58	35,08	38,50	44,99	74,26
2	controlo	66,04	34,59	31,45	44,14	69,63
3	controlo	68,66	36,02	32,64	46,68	67,34
4	controlo	69,27	35,37	33,90	44,88	71,95
5	controlo	72,10	36,01	36,09	45,77	72,96

Após esta análise, as amostras secas foram enviadas para determinar a otimização da capacidade de adsorção de micotoxinas no laboratório zoológico da Lda "Chirina", o teste previu que o quinto grupo de teste (Quantidade de argila bentonítica Askangel no alimento - 2%) foi distinguido com a adsorção optimizada da micotoxina (B12 e Trichococcus T2), com a taxa de adsorção de Aflatoxina B1 79%, taxa de adsorção de Tricocetat T2 -8,3%.

Nas empresas avícolas das empresas Ltd[n] Roster[n] e[n] Giorgi and Company", as micotoxinas presentes nos ingredientes alimentares foram determinadas pelo Laboratório Zootécnico Ltd "Chirina" com o método expresso "Fluore-sence Polarometer", enquanto a análise zootécnica dos ingredientes alimentares e dos alimentos combinados foi efectuada no mesmo laboratório com o método expresso "Penten ".

Com base nos resultados obtidos no estudo dos efeitos da utilização do Askangel na alimentação das aves e do seu efeito no organismo das aves, na sua produtividade e na qualidade do produto final na LTD "Giorgi and Company", para 5 grupos de teste (2 de controlo e 3 de teste), foram preparadas 250 poedeiras da "Loman Classic".

Porções de amostras de alimentos combinados de pleno direito, %
grupo de controlo I (idade 30-80 semanas)
table 6

№	Ingredientes	idade/semana	
		30-55	56-80
		quantidade,%	
1	milho (amarelo)	50,8	49,8
2	Bolo de óleo de girassol (35% cru/prot)	18,0	18,5
3	farelo	6,0	5,0
4	bagaço de óleo de soja (46% bruto/prot)	8,0	8,0
5	pré-mistura (2,5%)	2,5	2,5
6	calcário	8,0	9,5
7	Fosfato de cálcio	0,5	1,0
8	farinha de carne e ossos (62% crua/prot)	3,0	3,0
9	gordura de aves de capoeira	3,0	2,5
10	sal	0,2	0,2
11	alumino-silicato (detoxplus)	-	-
12	Askangel	-	-
	total	**100**	**100**

Porção de amostra de alimento combinado completo, %
Grupo de controlo II (idade 30-80 semanas)

table 7

№	Ingredientes	idade/semana	
		30-55	56-80
		quantidade,%	
1	milho (amarelo)	50,0	47,9
2	Bolo de óleo de girassol (35% cru/prot)	18,0	19,0
3	farelo	6,0	5,0
4	bagaço de óleo de soja (46% bruto/prot)	8,0	8,4
5	pré-mistura (2,5%)	2,5	2,5
6	calcário	8,0	9,5
7	Fosfato de cálcio	0,3	1,0
8	farinha de carne e ossos (62% crua/prot)	3,0	3,0
9	gordura de aves de capoeira	3,0	2,5
10	sal	0,2	0,2
11	alumino-silicato (detoxplus)	1,0	1,0
12	Askangel	-	-
	total	100	100

Porção de amostra de alimento combinado completo, %
Grupo de controlo III (idade 30-80 semanas)

quadro 8

Nº	Ingredientes	idade/semana	
		30-55	56-80
		quantidade,%	
1	milho (amarelo)	48,8	47,9
2	Bolo de óleo de girassol (35% cru/prot)	19,0	19,0
3	farelo	6,0	5,0
4	bagaço de óleo de soja (46% bruto/prot)	8,0	8,4
5	pré-mistura (2,5%)	2,5	2,5
6	calcário	8,0	9,5
7	Fosfato de cálcio	0,5	1,0
8	farinha dc carnc c ossos (62% crua/prot)	3,0	3,0
9	gordura de aves de capoeira	3,0	2,5
10	sal	0,2	0,2
11	alumino-silicato (detoxplus)	-	-
12	Askangel	1,0	1,0
	total	100	100

Porção de amostra de alimento combinado completo, %
Grupo de controlo IV (idade 30-80 semanas)
quadro 9

№	Ingredientes	idade/semana	
		30-55	56-80
		quantidade,%	
1	milho (amarelo)	48,3	47,0
2	Bolo de óleo de girassol (35% cru/prot)	19,0	19,0
3	farelo	6,0	5,0
4	bagaço de óleo de soja (46% bruto/prot)	8,0	8,3
5	pré-mistura (2,5%)	2,5	2,5
6	calcário	8,0	9,5
7	Fosfato dicálcico	0,5	1,0
8	farinha de carne e ossos (62% crua/prot)	3,0	3,0
9	gordura de aves de capoeira	3,0	2,5
10	sal	0,2	0,2
11	alumino-silicato (detoxplus)	-	-
12	Askangel	1,5	1,5
	total	100	100

Porção de amostra de alimento combinado completo, %
Grupo de controlo V (idade 30-80 semanas)

quadro 10

№	Ingredientes	idade/semana	
		30-55	56-80
		quantidade,%	
1	milho (amarelo)	48,0	45,9
2	Bolo de óleo de girassol (35% cru/prot)	19,0	19,8
3	farelo	6,0	5,0
4	bagaço de óleo de soja (46% bruto/prot)	8,0	8,6
5	pré-mistura (2,5%)	2,5	2,5
6	calcário	8,0	9,5
7	Fosfato dicálcico	0,5	1,0
8	farinha de carne e ossos (62% crua/prot)	3,0	3,0
9	gordura de aves de capoeira	3,0	2,5
10	sal	0,2	0,2
11	alumino-silicato (detoxplus)	-	-
12	Askangel	2,0	2,0
	total	100	100

Durante o período de teste de produção, tanto na idade de 54 semanas quanto na idade de 78 semanas, não houve diferença significativa entre os pesos vivos das aves testadas, tabela 11

A descrição da experiência
quadro 11

№	Grupo	número dos pássaros (peça)	alimentação completa combinada principal %	Askangel e aluminosilicate como aditivo, volume %.	Peso vivo, idade		
					30 semanas	54 semanas	78 semanas
1	Controlo	50	100	-	1555±45,5	1590±49,3	1670±51,3
2	Controlo	50	99,0	aluminossilicato (detoxplus) 1%	1563±46,3	1600±47,6	1675±49,4
3	teste	50	99,0	1,0 Askangel	1550±51,3	1605±52,5	1680±50,2
4	teste	50	98,5	1,5 Askangel	1545±50,0	1610±46,3	1675±51,7
5	teste	50	98,0	2,0 Askangel	1560±48,7	1590±52,7	1685±57,2

Gráfico 1

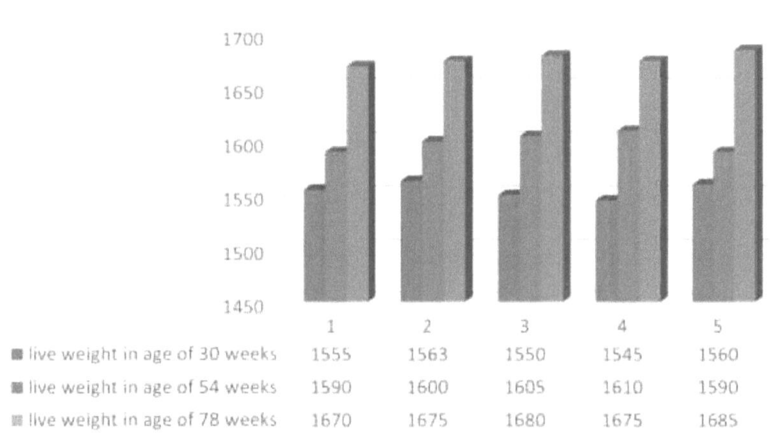

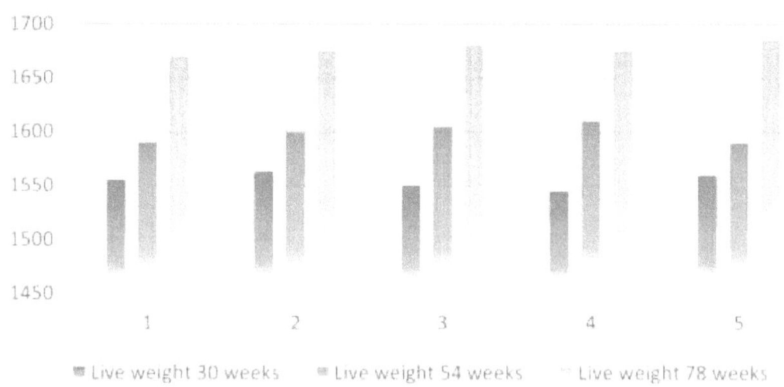

O quadro 11 mostra que a vantagem muito pequena e insignificante é observada nos grupos 3 e 4.

Durante o teste de produção, a indicação da postura dos ovos, o fluxo de ração e a conservação no período produtivo são descritos no quadro 12.

Período de ensaio (30-80 semanas) indicação de postura,
despesas de alimentação
, conservação

quadro 12

№	Grupo	Postura de ovos		Conservação das aves, %	caudal de alimentação l ave, kg
		Número de ovos entregues	intensidade de postura dos ovos, em %		
	Controlo	278,7	79,61	87,2	43,3
	Controlo	282,6	80.74	88,9	42,8
	Teste	286,3	81,73	90,9	42,4
	Teste	289,8	82,67	91,8	42,9
	Teste	284,2	81,40	90,5	43,0

gráfico 2

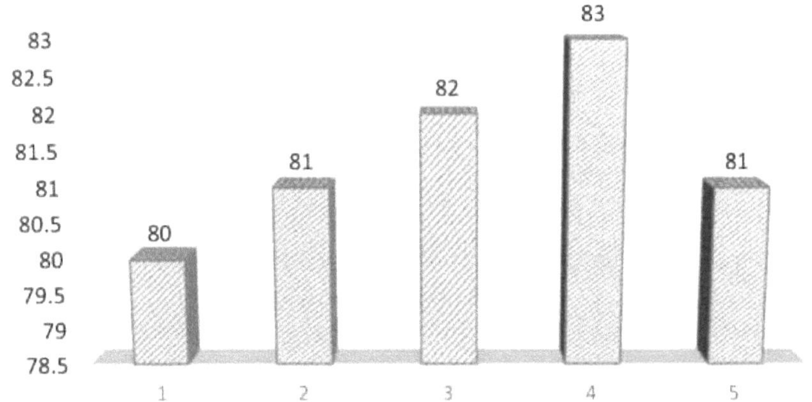

O estudo da postura de ovos demonstrou que, no período produtivo (30-80 semanas), a taxa mais elevada de postura de ovos foi observada nos grupos IV e III (no grupo IV consumo de Askangel de 1,5%, no grupo III - 1%) e excedeu em 3,8-2,8% o indicador apresentado no grupo de controlo, em 2,51,3% o grupo II no qual foi utilizado Aluminossilicato (detoxplus 1%). A maior taxa de preservação (%) em período produtivo foi no grupo III e no grupo

IV -90,991,8%.

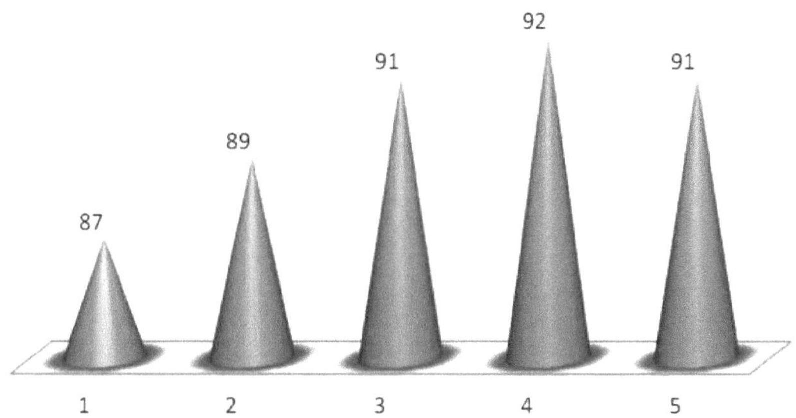

gráfico 3

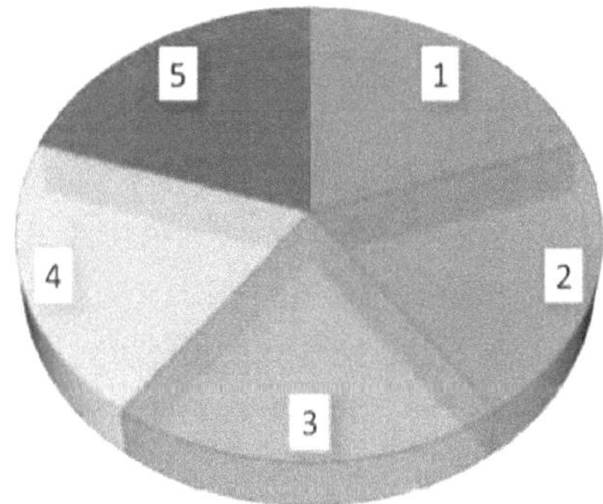

A taxa de alimentação em cada grupo é igual e ascende a 42,443,3 kg de ração combinada por ave.

No período de postura (30-80 semanas) foi estudada a dinâmica da massa de ovos, ver quadro 13.

Massa de ovos de aves de capoeira

quadro 13

№	Grupo	30 semanas			42 semanas			54 semanas			78 semanas		
		g^r	Lim min	Lim máximo	g^r	Lim min	Lim máximo	g^r	Lim min	Lim máximo	g^r	Lim min	Lim máximo
1	Controlo	59, 5	51	62	62, 7	53	66	63, 2	54	66	66, 1	57	69
2	Controlo	59, 2	50	63	62, 9	52	67	62, 9	54	67	66, 2	57	70
3	Teste	58, 9	51	63	63, 1	53	68	63, 3	55	68	66, 6	58	71
4	Teste	59, 3	50	61	63, 4	53	67	63, 5	55	67	66, 8	58	71
5	Teste	58, 6	51	60	63, 0	51	66	63, 2	53	66	66, 2	57	69

No início do ensaio (quadro 13), a massa dos ovos em todos os grupos era quase igual e variava entre 58,9 e 59,5 gr, mas Lim 50-69 gr. Na idade de 42 semanas, o peso mais elevado revelou-se nos grupos III e IV - 63,1-63,4 gr. Na idade de 54 semanas, nos mesmos grupos, observou-se uma massa de ovos significativamente elevada - 63,3-63,5 gr. No final do período de postura, na idade de 78 semanas, a massa dos ovos era quase igual e variava entre 66,1-66,8 gr. A pequena superioridade demonstrou os grupos III e IV.

Indicadores de qualidade dos ovos no período produtivo

quadro 14

№	Crescer	Dupla gema gg[e]	ordenar ed	Categoria I	II categoria	broken	cracked
1	controlo	0,60	37, 2	55,9	2,8	1,3	2,2
2	controlo	0,58	37, 6	55,6	3,5	0,8	1,9
3	teste	0,61	38, 2	55,7	3,1	0,7	1,7
4	teste	0,63	38, 8	54,9	3,0	0,7	1,9
5	teste	0,60	37, 9	55,5	3,4	0,8	1,8

Os indicadores de qualidade dos ovos mostraram que (quadro 14), no período produtivo (30-80 semanas), o número de ovos de gema dupla em todos os grupos era igual e ascendia a 0,580,63%. A percentagem de ovos classificados no total é de 37,2-38,8%, embora nos grupos III e IV este indicador seja mais elevado do que nos grupos de controlo. O Askangel como suplemento na porção teve um impacto positivo relevante na redução do número de ovos partidos e rachados; a redução foi de 1,7-1,9% no total.

As características físicas da composição dos ovos são apresentadas no quadro 15.

Características físicas do ovo

quadro 15

№	Grupo	Clara de ovo			gema de ovo			casca de ovo		
		semanas								
		30	42	78	30	42	78	30	42	78
1	controlo	54, 6	55,7	56,0	31,6	32,0	31,4	13,8	12,3	12, 6
2	controlo	55, 2	56,0	56,2	31,7	31,3	30,9	13,1	12,7	12, 9
3	controlo	55, 9	56,1	56,4	31,5	31,9	30,8	12,6	12,0	12, 8
4	controlo	55, 2	55,9	56,4	31,0	31,6	30,7	13,8	12,5	12, 9
5	controlo	55, 7	56,2	56,5	31,3	31,3	31,0	13,0	12,5	12, 5

As características físicas do ovo (quadro 15) mostram que, nas idades de 30, 42 e 78 semanas, a composição do ovo (clara, gema e casca) em cada grupo é a mesma

Composição química do ovo de ave de 78 semanas (100 g de fração bruta %)

quadro 16

№	Grupo	sim r	protei n	gordo	hidratos de carbono s	Como h
1	Controlo l	73, 8	12,4	11, 9	1,1	0,8
2	Controlo l	73, 6	12,6	11, 9	1,1	0,8
3	teste	73, 3	13,3	11, 6	1,0	0,8
4	teste	72, 9	13,5	11, 7	1,0	0,9
5	teste	73, 5	13,4	11, 4	0,9	0,9

O quadro mostra que a composição química dos ovos em cada grupo é a mesma: teor de água na ordem dos 72,973,8%, teor de proteínas entre 12,4-12,6%, nos grupos de ensaio III, IV e V 13,3-13,5%. Estes valores indicam uma boa digestão das proteínas.

De acordo com o decreto, N15-03⁄21 emitido pelo reitor da Universidade de Agricultura da Geórgia, o comité de degustação foi estabelecido para o teste organolético do ovo de aves de capoeira. Durante a degustação foi avaliada a clara do ovo, o cheiro da gema, a cor e o sabor. Cada indicador foi medido numa escala de 5 pontos. Os resultados da degustação são apresentados no quadro 17.

Os resultados da degustação de ovos

quadro 17

№	Indicadores	grupo				
		1	2	3	4	5
1	Aroma de clara de ovo	4,4	4,4	5,0	4,8	4,6
2	aroma de gema	4,4	5,0	4,8	5,0	4,6
3	Cor de clara de ovo	4,6	4,2	4,6	5,0	4,8
4	cor da gema	4,8	4,6	4,8	5,0	4,8
5	Sabor a clara de ovo	4,2	4,4	5,0	4,8	4,6
6	sabor da gema	4,2	5,0	4,6	5,0	4,6
	pontuação média	4,43	4,60	4,80	4,93	4,67

O primeiro grupo de controlo tem 4,43 pontos, o segundo grupo de ovos tem 4,6 pontos. A gema deste grupo, de acordo com a estimativa do seu aroma e sabor, obteve o máximo de 5 pontos. A pontuação mais elevada, de acordo com as estimativas médias, foi obtida pelo grupo quatro - 4,93 pontos. A cor, o aroma e o sabor da gema obtiveram 5 pontos.

Assim, os resultados da degustação mostraram que os ovos de todos os grupos eram de alta qualidade (mais de 4 pontos), mas os ovos mais altos e de melhor qualidade foram entregues pelo quarto grupo.

A análise do sangue e os indicadores bioquímicos mostraram que a aminotransferase se encontra no nível normal nos grupos III e IV. Este indicador é relevantemente elevado no grupo de teste V, o que indica a perda da função hepática. Na nossa opinião, pode ser induzido pelo aumento da quantidade de argila bentonítica local Askangel (2%). A análise do sangue revelou que o teor de hemoglobina no sangue dos grupos I e II era de 86-90 g /1, enquanto que no sangue dos grupos III e IV era de 95-100 g /1. Nos mesmos grupos, o nível de eritrócitos no sangue é elevado (3,7-3,8 1012 /1).

No sangue das aves, o nível de alergia e toxinas é detectado pelo nível de Eosinófilos, Basófilos e monóxidos. Nos grupos III e IV esta substância estava dentro das normas, quando nos grupos de controlo o nível das substâncias mencionadas é elevado.

O indicador de proteína comum é o melhor no sangue das aves dos grupos III e IV. O conteúdo de micotoxinas em alimentos e ingredientes alimentares (Aflatoxina e T2) aumentou, mas ainda permanece na faixa de nível aceitável. Quanto aos ovos, não foram mencionadas miocotoxinas, o que prova a eficiência do Askangel como adsorvente de micotoxinas.

No LTD "Roster" foi analisado o esquema de aplicação de Askangel em frangos de carne, o seu efeito na produtividade e na qualidade. Para a experiência foram seleccionadas 500 aves de um dia de frangos de corte Cruz "Ros-308". Foi tido em conta o princípio das analogias (idade, peso vivo). 5000 aves foram divididas em 5 grupos (100100 aves em cada grupo). Cinco grupos do cruzamento "Ros 308" foram testados da seguinte forma: grupo de controlo I (100% de alimento básico sem adição de Askangel e inosilicato de alumínio). Grupo de controlo II (alimento básico 99% com suplemento de aluminossilicato 1% (detox plus)), Grupo de teste III (alimento básico 99% com suplemento de Askangel 1%). Grupo de controlo IV (alimentação de base 98,5% com suplemento Askangel 1,5%). Grupo de ensaio V (alimento de base 98% com suplemento Askangel 2%). Os parâmetros tecnológicos de armazenamento das aves durante o ensaio foram idênticos para cada grupo e compatíveis com as exigências de criação da cruz "Ross-308". Alimentação dos frangos de carne

foi implementado em várias fases. A nutrição estava em conformidade com as normas "Ros - 308" (ver quadro 18)

Cruz de frangos de carne "Ros-308" porções de amostras de alimentos valiosos do grupo de controlo I, %

Quadro 18

№	Ingredientes	Unidade	Reprodução período (idade)			
			pré-início (0-7 dias)	início (8-21 dias)	cultivador (22-35 dias)	acabamento (35 dias antes do abate)
1	Milho	%	36,0	46,0	49,0	46,0
2	Trigo	%	20,0	15,0	15,0	15,0
3	Farinha integral de soja	%	32,0	23,6	24,0	26,0
4	Farinha integral de girassol	%	-	3,0	-	-
5	Fosfato monocálcico	%	1,1	1,2	0,95	1,45
6	Pedra de cal	%	1,3	1,15	1,3	2,0
7	Sal	%	0,23	0,25	0,25	0,25
8	óleo vegetal	%	3,0	3,0	3,35	3,0
9	óleo animal	%	-	-	-	2,0
10	pré-mistura	%	0,5	0,5	0,5	0,5
11	metionina	%	0,37	0,5	0,25	0,3
12	Lizin	%	0,5	0,8	0,4	0,4
13	Flash e pó de osso	%	5,0	5,0	5,0	3,0
Total			100	100	100	100

Cruzamento de frangos de carne "Ros-308" porções de amostras de alimentos valiosas do grupo de controlo 2, (%)

Quadro 19

№	Ingredientes	Unidade	Período de reprodução (idade)			
			pré-início (0-7 dias)	início (8-21 dias)	cultivador (22-35 dias)	acabamento (35 dias antes do abate)
1	Milho	%	34,0	45,0	48,0	45,0
2	Trigo	%	20,0	14,0	14,0	14,0
3	Farinha integral de soja	%	33,0	24,6	25,0	27,0
4	Farinha integral de girassol	%	-	-	-	-
5	Monocálcio Cal fosfatada	%	1,1	1,2	0,95	1,45
6	sal de pedra	%	1,3	1,15	1,3	2,0
7	óleo vegetal	%	0,23	0,25	0,25	0,25
8	pré-mistura de óleo animal	%	3,0	3,0	3,35	3,1
9		%	-	-	-	2,0
1 0	metionina	%	0,5	0,5	0,5	0,5
1 1	Lizin	%	0,37	0,5	0,25	0,3
1 2		%	0,5	0,8	0,4	0,4
1 3	Flash e pó de osso	%	5,0	5,0	5,0	3,0
1 4	Aluminossilicato	%	1,0	1,0	1,0	1,0
	Total		100	100	100	100

Cruzamento de frangos de carne "Ros-308" porções de amostras de alimentos valiosas do grupo de controlo 3, (%)

Tabela 20

№	Ingredientes	Unidade	Período de reprodução (idade)			
			pré-início (0-7 dias)	início (8-21 dias)	cultivador (22-35 dias)	acabamento (35 dias antes do abate)
1	Milho	%	34,0	45,0	48,0	45,0
2	Trigo	%	20,0	14,0	14,0	14,0
3	Farinha integral de soja	%	33,0	24,6	25,0	27,0
4	Farinha integral de girassol	%	-	-	-	-
5	Monocálcio Fosfato	%	1,1	1,2	0,95	1,45
6	Pedra de cal	%	1,3	1,15	1,3	2,0
7	Sal	%	0,23	0,25	0,25	0,25
8	óleo vegetal	%	3,0	3,0	3,35	3,1
9	óleo animal	%	-	-	-	2,0
10	pré-mistura	%	0,5	0,5	0,5	0,5
11	metionina	%	0,37	0,5	0,25	0,3
12	Lizin	%	0,5	0,8	0,4	0,4
13	Flash e pó de osso	%	5,0	5,0	5,0	3,0
14	Askangel	%	1,0	1,0	1,0	1,0
Total			100	100	100	100

Cruzamento de frangos de carne "Ros-308" porções de amostras de alimentos valiosos do grupo de controlo 4,

Quadro 21

№o	Ingredientes	Unidade	Período de reprodução (idade)			
			pré-início (0-7 dias)	início (8-21 dias)	cultivador (22-35 dias)	acabamento (35 dias antes do abate)
1	Milho	%	34,0	45,0	48,0	45,0
2	Trigo	%	19,5	13,5	13,5	13,5
3	Farinha integral de soja	%	33,0	24,6	25,0	27,0
4	Farinha integral de girassol	%	-	-	-	-
5	Monocálcio Fosfato	%	1,1	1,2	0,95	1,45
6	Pedra de cal	%	1,3	1,15	1,3	2,0
7	Sal	%	0,23	0,25	0,25	0,25
8	óleo vegetal	%	3,0	3,0	3,35	3,1
9	óleo animal	%	-	-	-	2,0
1 0	pré-mistura	%	0,5	0,5	0,5	0,5
1 1	metionina	%	0,37	0,5	0,25	0,3
1 2	Lizin	%	0,5	0,8	0,4	0,4
1 3	Flash e pó de osso	%	5,0	5,0	5,0	3,0
1 4	Askangel	%	1,5	1,5	1,5	1,5
	Total		100	100	100	100

Cruzamento de frangos de carne "Ros-308" porções de amostras de alimentos valiosas do grupo de controlo 5

table 22

№	Ingredientes	Unidade	Período de reprodução (idade)			
			pré-início (0-7 dias)	início (8-21 dias)	cultivador (22-35 dias)	acabamento (35 dias antes do abate)
1	Milho	%	34,0	45,0	48,0	45,0
2	Trigo	%	19,0	13,0	13,0	13,0
3	Farinha integral de	%	33,0	24,6	25,0	27,0
4	Farinha integral de girassol	%	-	-	-	-
5	Monocálcio Fosfato	%	1,1	1,2	0,95	1,45
6	Pedra de cal	%	1,3	1,15	1,3	2,0
7	Vegetais salgados	%	0,23	0,25	0,25	0,25
8	óleo animal	%	3,0	3,0	3,35	3,1
9	pré-mistura	%	-	-	-	2,0
10	metionina	%	0,5	0,5	0,5	0,5
11	Lizin	%	0,37	0,5	0,25	0,3
12	Flash e osso	%	0,5	0,8	0,4	0,4
13	pó	%	5,0	5,0	5,0	3,0
14	Askangel	%	2,0	2,0	2,0	2,0
Total			100	100	100	100

No pré-início o teor de proteína na porção era de 23,3%, energia - 300 kcal. Durante o período inicial, o teor de proteína na porção era de 22,5, energia - 3011 kcal, no período de crescimento o teor de proteína era de 21,6%, energia - 319 kcal, durante o período final na porção o teor de proteína - 20%, energia - 324 kcal. O conteúdo das porções de ração foi o mesmo para cada grupo de controlo. Os indicadores de produtividade dos grupos de ensaio e de controlo são apresentados no quadro 23.

Indicadores de produtividade dos frangos de carne

table 23

Indicadores	Unidade	Grupos				
		1	2	3	4	5
Peso vivo - 0 dia	g^r	41,0	41,0	40,5	40,8	41,0
Peso vivo -14 dias	g^r	390±0,2 6	425±0,4 0	440±0,5 0	445±0,5 3	435±0,4 9
Peso vivo -28 dias	g^r	1220±08 0	1355±0,63	1400±0,71	1430±0,44	1360±0,75
Peso vivo -35 dias	g^r	1760±0,86	1780±0,79	1860±0,83	1880±0,76	1810±0,73
Peso vivo -42 dias	g^r	2100±0,93	2180±0,87	2260±0,95	2290±0,86	2220±0,83
aumento absoluto 0-42 dias	g^r	2059	2139	2219,5	2249,2	2179
aumento diário 0-42 dia	g^r	49,0	51,0	52,8	53,5	51,8
preservação 0-42 dias	%	94,0	96,0	98,0	98,0	96,0
custo de alimentação de 1	g^r	3740	3720	3770	3730	3705
custo da ração 1kg de aumento de peso	g^r	1,78	1,74	1,70	1,66	1,70
Índice UE		264	275	310	322	298

Conforme descrito na tabela, o peso vivo dos frangos de carne nos grupos de controlo e de teste foi quase igual e constituiu 40-41,2 gr. Isto indica a uniformidade das aves nos grupos. Como resultado do teste no grupo 3 e no grupo 4 observou-se a maior intensidade de crescimento, seguindo-se o grupo 5. Os frangos do grupo 2 tiveram a maior taxa de crescimento em todas as fases de criação em comparação com outros grupos de controlo.

Na idade de 14 dias, o peso vivo mais elevado foi no grupo de teste 3 e no grupo de teste 4 - 440-445 gr, excedendo em 12,8-14,1% o peso vivo do frango no grupo de controlo (P>0,01). O peso vivo dos frangos do grupo 5 é insignificantemente inferior em 5-10 em relação aos grupos 3 e 4 e é superior em 11,1-2,4% (P>0,01) peso vivo dos frangos de carne do grupo 2. A tendência é semelhante nas aves com 25 e 35 dias de idade.

As aves foram abatidas aos 42 dias de idade, quando o peso vivo das aves dos grupos de teste 3 e 4 era de 2260-2290 gr., excedendo os grupos de controlo em 7,6-9,0%. Antes do abate, o peso vivo mais baixo foi o das aves dos grupos de controlo e do grupo de ensaio 2. A dinâmica da massa viva mostrou que, nos grupos 3 e 4, o peso vivo dos frangos de carne aos 42 dias de idade era semelhante (2260-2290 gr), o que indica que 1 e 1,5% de Askangel como aditivo alimentar na porção tem o mesmo efeito no crescimento das aves. (Gráfico 5)

Gráfico 5

No período de reprodução, o incremento absoluto de peso distingue-se dos grupos de ensaio 3 e 4, em que este indicador é

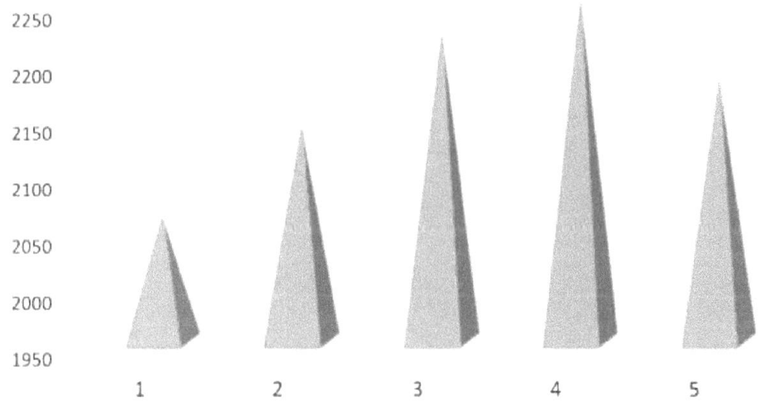

2219-2249 gr. O indicador mais baixo foi apresentado no grupo de controlo - 2059 gr. O incremento médio diário mais elevado, 52,8-53,5 g, foi observado nos grupos de teste 3 e 4, o mais baixo no grupo de controlo 2 e nos grupos de teste - 49,0-51,0 g. Os dados no quadro mostram que a taxa de preservação no período de reprodução foi de 94,0-98,0%, o indicador mais baixo 94% foi apresentado no grupo de controlo e nos grupos de teste 2 e 5 - 96%. Na primeira fase (0-14 dias) de reprodução, o número de aves caídas foi causado pelo distúrbio gastrointestinal, provocado pelo efeito das micotoxinas. Nos grupos 3 e 4, a principal razão foi a dessorção da gema no primeiro período de reprodução. No final da criação, o motivo do número de aves caídas foi a existência de Oscits (insectos)

O custo alimentar foi o mais baixo nos grupos de teste 3 e 4, o mais alto no grupo de teste - 1,78 kg.

Durante a experiência, no período de criação das aves (042 dias), o fluxo total de alimentos foi de 1815 kg, as perdas de alimentos ascenderam a 1,1%-20 kg no total.

Gráfico 6

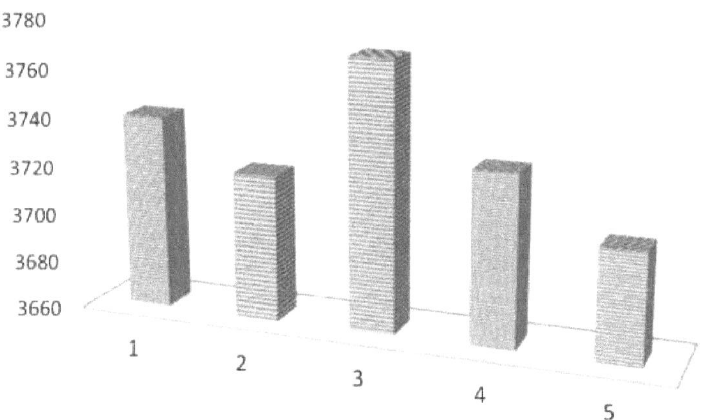

Foi calculado o índice europeu de produtividade das aves de capoeira. Como se pode ver no gráfico, no grupo de controlo o índice foi, em média, de 264. Este índice é elevado, mas é significativamente baixo em comparação com o grupo de teste 3 e 4 - 310 e 322 (um indicador acima de 300 é um índice aceitável)

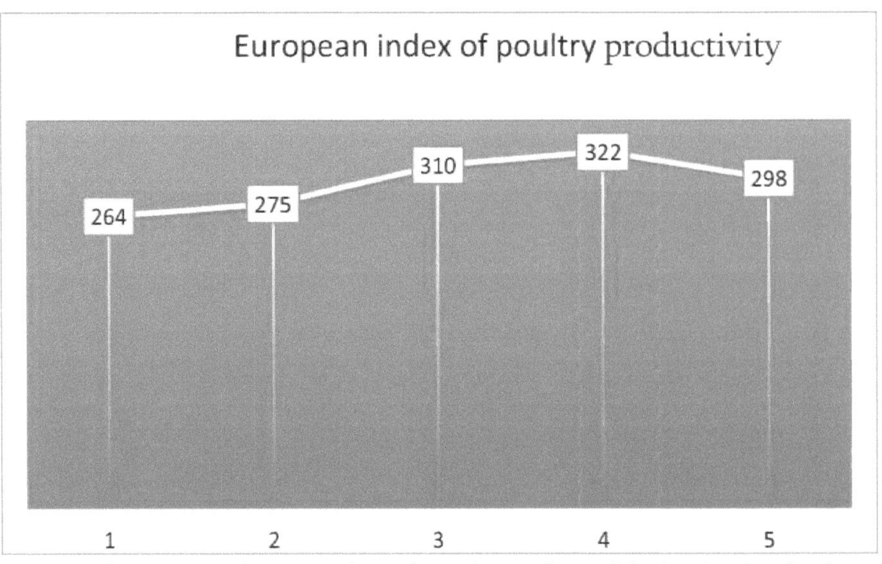

De acordo com o decreto do reitor da Universidade de Agricultura da Geórgia, emitido em 24 de março de 2017, foi criado o comité de degustação. Foi efectuada a degustação de carne e caldo de carne de frango. O objetivo da degustação era observar, com base em indicadores variáveis, o impacto do Askangel como adsorvente de micotoxinas no sabor e nas propriedades culinárias da carne. Por estas razões, foram abatidas 10 aves (5 galinhas e 5 machos) com 42 dias de idade de cada grupo. As aves seleccionadas foram cozidas separadamente; em seguida, procedeu-se à degustação da carne e do caldo.

A carne e o caldo foram avaliados pelo seu aspeto exterior, cor, sabor, gosto e consistência. Cada indicador foi avaliado numa escala de 5 pontos. Os resultados da degustação são apresentados no quadro 24.

Os resultados da degustação de carne na grelha

table 24

grupo	aparência externa	cor	aroma	gosto e	consistência	impressão média	avaliação
1	4,3	4,3	4,0	4,3	4,0	4,0	4,0
2	4,5	4,8	4,8	4,8	4,5	4,5	4,5
3	4,8	4,8	4,8	4,8	4,8	4,8	4,8
4	4,8	4,8	5,0	5,0	5,0	5,0	5,0
5	5,0	4,8	4,8	4,8	4,8	4,8	4,8

Os resultados da regustação da carne de frango mostraram que os três grupos de teste de carne de frango eram consistentes com os requisitos de degustação e obtiveram as pontuações mais altas 4.85.0, embora a carne de frango do grupo 4 fosse preferível com o seu sabor e aroma.

Resultados do estudo

Quadro 25

grupo	aparência externa	cor	aroma	gosto e	consistência	impressão média	avaliação
1	4,5	4,5	5,0	4,8	4,8	4,8	4,8
2	4,0	4,0	4,3	4,3	4,5	4,3	4,3
3	5,0	5,0	4,5	4,5	5,0	4,5	5,0
4	4,8	4,8	5,0	5,0	5,0	5,0	5,0
5	4,3	4,3	4,5	4,5	4,5	4,6	4,3

Como se pode ver na tabela, o caldo com a sua cor, aroma e cheiro foi superior ao caldo de frango dos grupos de teste 3 e 4. Estes grupos obtiveram uma pontuação de 4,5-5. A pontuação média de 5 foi atribuída a estes grupos. A pontuação mais baixa foi atribuída ao grupo de controlo 2 e ao grupo de teste 5.

Para estudar o efeito do Askangel como adsorvente de micotoxinas na carne de aves de capoeira, de cada grupo foram seleccionadas Io aves (5 galinhas e 5 machos), da carne do peito foram extraídas 150 amostras, a carne foi cortada e 300 amostras foram analisadas. As análises químicas da carne foram efectuadas no laboratório biológico da Universidade de Agricultura da Geórgia. Os resultados das análises são apresentados no quadro 26.

Composição química da carne de frango

Quadro 26

Grupo	Estado da amostra	água	cinza	Gordura	proteína
1	natural	77,16	1,15	0,61	18,95
	seco ao ar	10,19	4,53	2,38	74,50
	absolutamente seco	-	5,04	2,65	82,96
2	natural	74,69	1,19	0,3	19,34
	seco ao ar	9,53	4,70	1,29	76,52
	absolutamente seco	-	5,19	1,43	84,58
3	natural	72,44	1,07	1,89	21,08
	seco ao ar	8,74	3,90	6,86	76,47
	absolutamente seco	-	4,27	7,52	83,80
4	natural	79,16	1,34	0,73	20,45
	seco ao ar	9,66	4,98	2,71	76,18
	absolutamente seco	-	5,51	3,00	84,38
5	natural	74,75	1,16	0,89	18,54
	seco ao ar	10,92	4,61	3,52	73,42
	absolutamente seco	-	5,18	3,95	82,42

No primeiro grupo de controlo, o teor de água é mais elevado do que nos outros grupos - 77,16%, menos nos grupos de teste 3 e 4 - 72,4 - 73,1%, onde o Askangel na porção de comida participava em 1-15%. No estado natural, o teor de proteínas foi mais elevado nos grupos 3 e 4 - 21,1-20,5%. No estado seco ao ar e absolutamente seco, o teor de proteínas na carne é superior em 2-3% nos grupos de teste 3 e 4.

O teor de gordura mais elevado em condições naturais, secas ao ar e absolutamente secas foi no grupo de teste 3 - 1,89%, o mais baixo no grupo de controlo 0,3%.

O teor de cinzas em todos os grupos (grupo de controlo 2 e grupo de ensaio 3) é o mesmo.

O teste de micotoxinas mostrou a sua ausência. Por conseguinte, o Askangel como adsorvente de micotoxinas teve um efeito positivo tanto na criação de aves de capoeira como na composição química da sua carne. O teor de proteínas nos músculos do peito aumentou em 1,0-1,5%, o teor de gordura - 0,5-0,7%.

Os eritrócitos são a principal massa de elementos do sangue, que se formam principalmente na medula óssea. A sua principal função é o transporte de oxigénio e dióxido de carbono. O aumento dos eritrócitos é designado por eritrocitose. Os eritrócitos podem ser fisiológicos e patológicos. A fisiológica está principalmente associada ao crescimento dos frangos de carne (aumento da idade) e a patológica é causada por várias doenças infecciosas e não infecciosas, incluindo micotoxinas.

A hemoglobina é o principal componente dos eritrócitos. A sua função é transportar oxigénio e dióxido de carbono. O seu aumento e diminuição está associado aos glóbulos vermelhos. As células nucleares do sangue são formadas nos gânglios linfáticos, na medula óssea e encontram-se principalmente nas zonas onde ocorrem os processos inflamatórios. A sua principal função é proteger o corpo de substâncias estranhas e microorganismos. Participam na formação da imunidade hormonal e tecidular. A leucocitose patológica (aumentada) é causada pelo aumento dos processos inflamatórios e das micotoxinas no sangue. Uma fórmula leucocitária comum é importante durante a análise do sangue. Os leucócitos do sangue são apresentados com granulócitos (neutrófilos, eosinófilos, basófilos) e agonulócitos (linfócitos e monócitos) na corrente sanguínea, causando várias doenças, bem como toxinas e traumas.

O método de investigação considerou a realização de análises sanguíneas aos frangos de carne na fase final da experiência (42 dias). As análises bioquímicas foram efectuadas na LTD "Nova Clínica Veterinária". Os resultados são apresentados na tabela 27.

Indicadores morfológicos do sangue de frangos de carne

quadro 27

Indicador	Unidade	grupos				
		1	2	3	4	5
Hemoglobina	$g^{/l}$	97	106	120	110	105
Eritrócitos	$10/l^{12}$	3,6	3,3	3,7	3,8	3,8
Trombócitos	$10^9/l$	60	45	80	100	55
leucócito	$10^9/l$	21,5	21	22	22	22
Neutrófilo	%	32	33	37	36	34
eosinófilos	%	9	11	7	8	8
monócitos	%	5	5	5	5	5
linfócitos	%	54	60	60	59	56
taxa de sedimentação de eritrócitos	mg/h	10	12	11	11	12

A análise da tabela mostra que a hemoglobina e os eritrócitos em todos os grupos de teste são 8-24% mais elevados do que o primeiro grupo de controlo,
eritrócitos por 5,5 -11% (P≤0,05), a maior composição
de hemoglobina e eritrócitos foi observada no grupo de teste
3 e 4 (Askangel como um aditivo na porção 1,0-1,5%). Quanto ao número de leucócitos, este indicador era quase o
mesmo em todos os grupos e correspondia às normas fisiológicas
(21,0-2210 9 / 1). Os rácios sanguíneos em todos os grupos são praticamente os
mesmos. Quanto à reação da sedimentação de eritrócitos,
este indicador está dentro da norma em todos os grupos e é
praticamente o mesmo. Juntamente com a análise do sangue,
efectuámos uma análise bioquímica do sangue para estudar os
processos metabólicos no corpo do frango.

O teor de proteínas comuns no soro sanguíneo, que desempenha um papel decisivo nas mudanças de hidratos de carbono e gorduras no organismo, foi significativamente inferior à norma fisiológica no sangue dos frangos do grupo de controlo e foi igual a 35,9 g /1, enquanto no soro sanguíneo do grupo de teste 35-45% e igual a 52-49g / 1 (P≤0,01). É sabido que a aspartato aminotransferase, a aleinamino transferase, a glicemetamin transferase desempenham um papel na função normal do fígado. Estas enzimas desempenham o papel de catalisadores na transferência do grupo amino e do ácido cetónico.

Composição bioquímica do sangue de frangos de carne

Tabela 28

Indicadores	Grupo				
	1	2	3	4	5
aspartato aminotransferase	210	216	285	279	27 0
aleinamino transferase	26	34	32	37	42
Gama-glicemina	15,6	16,1	18,6	17,4	16,0
Bilorubina comum	3,2	4,1	4,3	4,1	3,3
proteína comum	35,9	47,2	52,0	49,0	46,2
creatinina	44	34	41	44	50

Como se pode ver na tabela, a atividade de transmissão em todos os grupos está dentro da norma fisiológica, que é mais elevada do que nos 3º e 4º grupos de teste. A bilorubina é formada como resultado da hemoglobina, mioglobina e citocrotomia e é um dos principais componentes da vesícula biliar. A sua composição está dentro dos limites de todos os grupos, embora nos grupos de teste seja relativamente elevada (28-35% P≤0,005).

Conclusão:

A argila bentonítica de origem local Askangel pertence ao grupo das argilas bentoníticas de elevada alcalinidade, é um adsorvente de elevada qualidade devido à sua taxa de adsorção e capacidade de troca A aplicação da argila bentonítica local Askangel na nutrição das aves de capoeira (30-80 semanas) teve um efeito positivo. Ao utilizá-la como aditivo alimentar em rações combinadas com racio, 1-1,5% aumenta a produtividade das aves de capoeira, a capacidade de libertação de ovos, a massa de ovos, a taxa de preservação das aves; reduz o fluxo alimentar, o número de ovos partidos e estalados. melhora os indicadores qualitativos e quantitativos, melhora a resistência das aves. A aplicação de Askangel permite desenvolver a produção de ovos biológicos, isentos de toxinas.

A adição de um Askangel produzido localmente na alimentação dos frangos de carne é mais eficaz do que a aplicação de antibióticos. O impacto positivo reflecte-se na melhoria dos indicadores de produtividade dos frangos de carne. A utilização do Askangel na alimentação dos frangos de carne como adsorvente de micotoxinas traduz-se positivamente na melhoria dos indicadores sanguíneos e bioquímicos que, em última análise, afectam a sua resistência e produtividade.

A dose óptima de Askangel na alimentação das aves de capoeira é de 10-15 gg (1-1,5%) em 1 tonelada de alimento combinado.

***

Referências:

1.   Bennett J. W., Klich M., "Mycotoxins". Clinical Microbiology Rev, 2003, №16(3),497-516p.(ENG)

2.   Rajeev Bhat, Ravishankar V. Rai, Karim A.A "Mycotoxins in Food and Feed: Present Status and Future Concerns ". Comprehensive Reviews in Food Science and Food Safety.2010, vol 9(1). pp 57-81.

3.   Smith. J. E (1982), Mycotoxins and poultry management // World's Poultry Science Journal, №38. 201-212

4.   Marin S., Ramos G., Cano-Sancho, Sanchis V., "Mycotoxins: Ocorrência, toxicologia e avaliação da exposição. Food and Chemical Toxicology 2013, №60, 5. Schmale, D.G, Munkvold G.P., "Mycotoxins in Crops: A Threat to Human and Domestic Animal Health", "Topics in Plant Pathology", 2009, www.apsnet.org

6.   Speijers G.J.A., Speijers M.H.M., "Combined toxic effects of mycotoxins". "Elsevier -Toxicology Letters", 2004, №153. pp 91-98. (ENG)

7.   Dohlman E., " Mycotoxin Hazards and Regulations Impacts on Food and Animal Feed Crop Trade ".International Trade and Food Safety.

8.   Mohamed E. Zain "Impact of mycotoxins on humans and animals", Medical Laboratory Sciences, 2010, №15, p123.

9.   Mostrom M., "Mycotoxins: Classificação", "Encyclopedia ofFood and Health "2015, pp 29-36.

10.   Huwiga A., Freimunda S., Kappelib O., Dutlerb H., "Mycotoxin detoxication of animal feed by different adsorbents". Cartas de Toxicologia, 2001. № 122(2). pp180-185. (ENG)

11.   Pearce M., Shahin I., Palcu D, "Soluções disponíveis para a ligação de micotoxinas" 2015, en.engormix.com

12.   William F. Jaynes* eRichard E. Zartman . "Redução da toxicidade da aflatoxina nos alimentos para animais através de

uma ligação melhorada a aditivos de argila modificados à superfície".2011.europepmc.org

13.   Kryukov V., "A avaliação da contaminação por micotoxinas em alimentos para animais e seleção de adsorventes" Resumo, 2015, en.engormix.com

14.   Thimm N., Schwaighofer B., Ottner F., Froschl H., Greifenender S., Binder E. "Adsorption of mycotoxins" 2001, www.ncbi.nlm

15.   Boudergue C., Burel C., Dragacci S., Favrot M.C., Fremy J.M., Massimi C., " Review of mycotoxindetoxifying agents used as feed additives: mode of action, efficacy and feed/food safety". SCIENTIFIC REPORT- EFSA, 2009. pp152-173.

16.   Pappasa A.C., Tsiplakoua E., Georgiadoua M., Anagnostopoulosb C., "Aglutinantes de bentonite na presença de micotoxinas: Resultados de testes preliminares in vitro e de um ensaio in vivo com frangos de carne". Ciência da argila, 2014. №11, pp48- 53.

17.   Carraro Di Gregorio M., Valganon de Neeff D at al. "Adsorventes minerais para a prevenção de micotoxinas em alimentos para animais".Toxin Reviews 2014. №33. pp3-6.

18.   Bocarov-Stancic A., Adamovic M., Salma N., Bodroza-Solarov at al. "IN VITRO EFFICACY OF MYCOTOXINS' ADSORPTION BY NATURAL MINERALADSORBENTS ". Biotecnologia na criação de animais.2011. №27(3) pp1244-1245.

20. A. Chkuaseli, A. Chubinidze, A. Chagelishvili, M. Khutsishvili - Animal Nutrition, Volum 2 "Global Print", Tbilisi, 2012 ano, p 1-747.